Miriam Paffen

Unternehmensorientierte Dienstleistungen

Begriff, Dynamik, Bedeutsamkeit

GRIN Verlag

Bibliografische Information der Deutschen Nationalbibliothek:

Die Deutsche Bibliothek verzeichnet diese Publikation in der Deutschen National-
bibliografie; detaillierte bibliografische Daten sind im Internet über http://dnb.d-
nb.de/ abrufbar.

Impressum:

Copyright © 2005 GRIN Verlag GmbH
Druck und Bindung: Books on Demand GmbH, Norderstedt Germany
ISBN: 978-3-640-14177-7

Dieses Buch bei GRIN:

http://www.grin.com/de/e-book/113375/unternehmensorientierte-dienstleistungen

GRIN - Your knowledge has value

Der GRIN Verlag publiziert seit 1998 wissenschaftliche Arbeiten von Studenten, Hochschullehrern und anderen Akademikern als eBook und gedrucktes Buch. Die Verlagswebsite www.grin.com ist die ideale Plattform zur Veröffentlichung von Hausarbeiten, Abschlussarbeiten, wissenschaftlichen Aufsätzen, Dissertationen und Fachbüchern.

Besuchen Sie uns im Internet:

http://www.grin.com/

http://www.facebook.com/grincom

http://www.twitter.com/grin_com

Rheinisch-Westfälische
Technische Hochschule Aachen

Geographisches Institut

Unternehmensorientierte Dienstleistungen – Begriff, Dynamik, Bedeutsamkeit

SoSe 2005

von

Miriam Paffen

Inhaltsverzeichnis

1. Abbildungsverzeichnis

2. Tabellenverzeichnis

3. Einleitung

Mit dem fortschreitenden Strukturwandel und der Internationalisierung der Wirtschaft rücken die unternehmensorientierten Dienstleistungen, das am stärksten wachsende Segment des Dienstleistungssektors, immer mehr in Blickpunkt von Politik und Wissenschaft. Analysen und Untersuchungen der letzten Jahre und Jahrzehnte von Wissenschaftlern machen ihre enorme Bedeutung für die Wirtschaft, den Arbeitsmarkt und das gesamte Land deutlich. In dieser Arbeit werden zunächst der Begriff einschließlich der Definitions- und Abgrenzungsproblematik dargestellt. Im weiteren Verlauf werden auf die Einflussfaktoren, die räumliche Struktur, und ihre Entwicklungsdynamik eingegangen. Schließlich wird die daraus resultierende Bedeutung der unternehmensorientierten Dienstleistungen erläutert.

4. Unternehmensorientierte Dienstleistungen - Begriff

4.1 Definitionen und Differenzierungen

Es gibt in der Literatur keine einheitliche und allgemein anerkannte Definition bzw. Gliederung was den allgemeinen Dienstleistungssektor betrifft.

Zumeist aber wird dieser Sektor zunächst mit Hilfe spezifischer Eigenschaften der erbrachten Produkte, z.B. die Immaterialität der Leistung und das unoactu-Prinzip, von anderen Wirtschaftssektoren abgegrenzt.

Innerhalb der Dienstleistungen stellt sich die Untergliederung ebenfalls als problematisch dar. Auch hier lassen sich in der Literatur verschiedene Ansätze finden. Am üblichsten ist jedoch zunächst zwischen einem Tertiären Sektor, der Handel, personenbezogene Serviceleistungen und Dienstleistungshandwerk umfasst und einem quartären Sektor, zu welchem Forschung, Beratung und Verwaltung zählen, zu unterscheiden. Ausführlicher wird dann differenziert zwischen distributiven Diensten (Handel, Verkehr usw.), sozialen Diensten (z. B. Bildungs-/Gesundheitswesen, öffentliche Verwaltung), persönlichen Diensten (z.B. Tourismus, Gastronomie, Unterhaltung) und den produzentenorientierten Diensten (z. B. Banken, Versicherungen, Ingenieur- / Unternehmens / Rechtsberatung). Da es sich aber nicht nur um Produzenten, sondern um jegliche Art von Unternehmen handelt, die diese Dienste in Anspruch nehmen, hat sich der Begriff ‚unternehmensorientierte Dienstleistungen' mittlerweile eingebürgert. Innerhalb der unternehmensorientierten Dienstleistungen lassen sich dann noch weitere Unterteilungen vornehmen. Nach der Art der Tätigkeit wird zwischen dispositiven Dienstleistungen (z.B. Planungs-,

Beratungs-, Kontrollaufgaben) und operativen Dienstleistungen (z.B. Transport, Beschaffung, Reparatur / Wartung, Absatz) unterteilt. Ein weiteres, besonders wichtiges Unterscheidungskriterium ist die Qualität. Zu den einfachen Dienstleistungen zählen Tätigkeiten, für die kein sehr hohes Qualifikationsniveau der Beschäftigten erforderlich ist (z. B. Reinigungs-, Transport-, Reparatur- und Wartungsaufgaben), wohingegen bei den höherwertigen Dienstleistungen (z.B. Forschung/Entwicklung, Rechts-/Unternehmensberatung, Datenverarbeitung, Werbung/Marketing und Banken/Versicherungen) der Einsatz von spezialisiertem Know-how als charakteristisch gilt (Kulke 2004c, 126; Kulke 1998, 184f). Weitere Eigenschaften gibt Tabelle 1 wieder.

Funktion:	Steuerung, Lenkung, Entscheidungsfindung
Tätigkeit:	Informationsverarbeitung, Angebot immaterieller Güter
Inputstruktur:	hoher Anteil hochqualifizierter Beschäftigter
Nachfragestruktur:	überwiegend unternehmensorientiert
Reichweite:	nationale bis internationale Bedeutung

Tabelle 1: Eigenschaften hochrangiger Dienstleistungsfunktionen
Quelle: Kulke, 1998, 184

Für die höherwertigen Dienstleistungen wird oft auch der Begriff ‚wissensintensiv' verwendet. Strambach klammert dabei allerdings, wie auch bei der Systematik der Wirtschaftszweige des Statistischen Bundesamtes, s.u., Banken und Versicherungen aus. Sie hat diesen wichtigen Bereich, wie in Abbildung 1 dargestellt, untergliedert und folgendermaßen differenziert:

Abbildung1: Definition wissensintensiver unternehmensorientierter Dienstleistungen
Quelle: Strambach, 24.03.2005, S.2

Die wissensintensiven Dienstleistungen nehmen ein besonders wichtigen Stellenwert ein, „ da sie eine höhere Produktivität aufweisen, wichtige Träger des sektoralen Strukturwandels sind, hohe Potentiale für Beschäftigung und Wertschöpfung besitzen und einen zentralen Wettbewerbsvorteil im globalen Standortwettbewerb darstellen." (Bay. Staatsministerium, 01.04.2005, S.11 f)

Bei der Systematik der Wirtschaftszweige hingegen wird der Dienstleistungssektor ein wenig anders aufgeteilt und die Bereiche etwas anders benannt.

Der Dienstleistungssektor wird in der wirtschaftssystematischen Gliederung in die Wirtschafstabteilungen 4-9 eingeteilt. Dies sind die Dienstleistungen im weitesten Sinne. Das heißt es sind „Arbeitsleistungen, die ohne Zwischenschaltung eines Produktionsbetriebes an den Verbraucher abgegeben werden". (Heineberg, 2003, 183) Der Begriff Verbraucher gilt hierbei sowohl für Endverbraucher, als auch für Unternehmen.

Dazu gehören die Abteilungen:

- 4 (Handel),
- 5 (Verkehr und Nachrichtenübermittlung),
- 6 (Kreditinstitute, Versicherungen,
- 7 (Dienstleistungen im engeren Sinne)
- 8 (Organisationen ohne Erwerbscharakter) und
- 9 (Gebietskörperschaften)

„Innerhalb der Geographie (...) versteht man häufig unter Dienstleistungen nur die Dienstleistungen im engeren Sinne." (Heineberg, 2003, S.184) Diese bilden die Abteilung 7, die in haushaltsorientierte und unternehmsorientierte Dienstleistungen untergliedert ist. Die unternehmensorientierten Dienstleistungen umfassen dabei die Wirtschaftsunterabteilungen 78 und 79. Diese richten sich mit ihren Leistungen primär an den Unternehmen, wohingegen sich die haushaltsorientierten sich direkt an den Endverbraucher richten. Zu der Abteilung 78 gehören „Rechts- Wirtschafts- und Unternehmensberatung, technische Beratung und Planung, Werbung, sowie andere Dienstleistungen die für Unternehmen erbracht werden." (Strambach, 1995, 21) Die Abteilung 79 umfasst „die sonstigen Dienstleistungen, Dienstleistungen, die anderweitig nicht genannt sind." (Strambach, 1955, 21) Aus dieser Definition wird ersichtlich, dass es sich besonders bei Abteilung 79 um eine besonders heterogen zusammengesetzte Gruppe handelt. Diese wirtschaftssystematische Gliederung wird auch z.B. bei der Arbeitsstättenzählung des Statistischen Bundesamts verwendet und bildet daher auch eine wichtige Datengrundlage für diverse Untersuchungen dieses Sektors (Strambach, 1995). Das Problem der Zuordnung der einzelnen Dienstleistungsbereiche wird an Hand der Beispiele Banken, Versicherungen, wirtschafts- und rechtsberatende Berufe noch einmal besonders deutlich. Sie bieten „sowohl der einen als auch der anderen Kundenkategorie ihre Dienste an; eine eindeutige Zuordnung und Abgrenzung ist meist jedoch ohne größeren Aufwand und ohne Bewertung innerbetrieblicher Abläufe nicht möglich". (Voppel, 1999, 167) „Problematisch bei der Abgrenzung (...) ist, dass auch in den primären und sekundären Wirtschaftssektoren z.T. unternehmens- oder betriebsinterne Dienstleistungen jedweder Art (z.B. für Forschung und Entwicklung, Verwaltung, Verkauf, Logistik) bestehen (...)." (Heineberg, 2003, 183f)

Auch die Eigenschaft der Immaterialität ist bei vielen Dienstleistungen nicht mehr unmittelbar gegeben. Als Beispiel dafür gelten z.B. „Softwarepakete, die per Internet ausgeliefert (z.B. Buchführungssoftware) oder Leistungen, die auf Datenträgern (z.B. Dateien, Musik) versandt werden". (Kulke, 2004a, 8) Wie ersichtlich wurde, besteht im Bereich des Dienstleistungssektors also eine Schwierigkeit in Hinsicht auf einheitlicher Abgrenzung, Unterscheidung und Zuordnung der einzelnen Bereiche. Zudem liegt auch immer noch ein großes Informationsdefizit vor, was diesen Wirtschaftssektor betrifft. Eine Dienstleistungsstatistik wurde erst am 19. Dezember 2000 eingeführt und stellt einen kleinen aber sehr wichtigen Schritt zu Aufbau einer brauchbaren Datenbasis. „Gleichzeitig kann Deutschland seine umfangreichen Lieferverpflichtungen für Daten gegenüber der Europäischen Union erfüllen." (Statistisches Bundesamt, 24.03.2005, Abs. 5) Allerdings ist dies nur eine Stichprobenerhebung und deckt nur Teilbereiche des Dienstleistungssektors ab, daher können räumliche und fachliche Aussagen nur auf Ebene der Bundesländer getroffen werden. Bisher ist Baden-Württemberg das einzige Bundesland, das mit Hilfe der IHK's eine Informationsbasis in Form eines Dienstleistungsatlasses für ihr Bundesland aufgebaut hat. „Der DL-Atlas bietet eine umfassende und nach Branchen und Regionen differenzierte Darstellung von Struktur und Entwicklung der baden-württembergischen Dienstleistungswirtschaft." (IHK Rhein-Neckar, 24.03.2005, Abs.1)

4.2 Spezifische Eigenschaften und Spannungsfelder

In ihren jeweiligen Bereichen müssen die Dienstleister Informationen, Problemlösungs- Know-how, Expertenwissen und Erfahrung miteinander verbinden. Doch dies stellt den Nachfrager öfters vor Schwierigkeiten. Ob die gewünschte Leistung in Qualität und Umfang gebracht wird, ist vorher meist nicht oder nur schwer abschätzbar. Auch bei einer schwierigen Problemlage im Betrieb kann die Beurteilung der Bedarfsgerechtigkeit nicht immer einfach sein.

Somit ist es sehr charakteristisch für wissensintensive Dienstleistungen, dass das Leistungsprodukt in einem intensiven Interaktions- und Kommunikationsprozess zwischen Anbieter und Nachfrager entsteht. Dabei ist es äußerst wichtig, dass der Nachfrager in der Lage ist sein Problem explizit zu schildern. „Empirische Methoden zeigen, dass je größer das interne Know-how beim Kunden ist, desto gezielter und spezifischer kann das externe Wissen genutzt werden." (Strambach, 24.03.2005, S.6) Auf Seiten der Anbieter sind nicht nur fachliche-, sondern auch soziale

Kompetenzen äußerst wichtig, denn der Kunde muss schließlich genug Vertrauen aufbauen um, auf Grund eines reinen Leistungsversprechens zu Beginn, einer Zusammenarbeit zuzustimmen. Ebenfalls muss natürlich auch genug Kompetenz vorhanden sein, um den individuellen Bedarf des Kunden zu ermitteln. Für Dienstleistungsanbieter ergeben sich bei ihrer Arbeit einige Problemfelder. Zunächst gibt es dort das Spannungsfeld zwischen Spezialisierung und umfassender Problemlösung. In ihren Hauptfunktionen müssen die Anbieter hochspezialisiert und vor allem immer up to date sein. Dabei sind sie einem intensiven Zeit- und Innovationswettbewerb ausgesetzt. Gleichzeitig müssen sie ihrem Kunden aber auch umfassende Problemlösungen bieten können und Komplementärfähigkeiten beweisen.

Ein anderes Spannungsfeld stellen Standardisierung und kundenindividuelle Problemlösung dar. Auf der einen Seite wollen sie auf eine, auf den Kunden zugeschneiderte Problemlösung schaffen, auf der anderen Seite müssen sie auch unter Effizienzgesichtspunkten das eigene Leistungsspektrum standardisieren.

(vgl. Strambach, Internetquelle) Dies sind hohe Anforderungen, die an Unternehmen gestellt werden. Besonders problematisch ist dies für junge Unternehmen. Meistens sind mangelnde Erfahrung in diesem Bereich Konkursgründe.

4.3 Netzwerkbeziehungen

Für eine erfolgreiche Unternehmensentwicklung sind Kooperationen und Netzwerkverbindungen maßgeblich bestimmend. In funktionierenden Kooperationsbeziehungen ergeben sich wie in folgender Tabelle 2 aufgeführten Vorteile:

Vorteile:	
Steigerung der Effizienz durch Kostenreduzierung:	Reduzierung der Fixkosten, Akquisitionsvorteile Gegenseitiges Nutzen von Kontakten
Erhöhung der Flexibilität:	Zusätzliches spezialisiertes Expertenwissen Optimierung eigener Leistungstiefe Erweiterung Dienstleistungspalette, Strategischer Handlungsspielraum in Bezug auf Zeitlimits
Innovationsfähigkeit durch Know-how-Zuwachs:	Erfahrungs- und Ideenaustausch Synergieeffekte und Lernprozesse

Tabelle 2: Eigener Entwurf basierend auf: Strambach, 24.03.2005, S.8

Allerdings können sich auch Risiken hinter diesen Beziehungen verbergen. Konkurrenz und die Problematik der Machtverhältnisse können zu Schwierigkeiten führen. Gegenseitigkeit und Vertrauen sind daher besonders wichtig. Wie wichtig gut funktionierende Netzwerke für Betriebe sein können belegen Studien. Unternehmen mit intensiven Außenbeziehungen hatten dabei meist höhere Umsätze, bessere Zukunftserwartungen und betrieben eine expansivere Mitarbeiterpolitik (Strambach, 24.03.2005).

5. Unternehmensorientierte Dienstleistungen – Entwicklung & Dynamik

5.1 Allgemein

Der Dienstleistungssektor hat ungefähr seit dem zweiten Weltkrieg stetig an Bedeutung zugenommen. An Hand der Beschäftigtenentwicklung zwischen den Jahren 1970 und 1996 lässt sich besonders das enorme Wachstum der unternehmensorientierten Dienstleistungen erkennen, während die Zahlen innerhalb des primären und sekundären Sektors erheblich geschrumpft sind. Die anderen Dienstleistungen verzeichnen auch nur unterdurchschnittliches Wachstum.

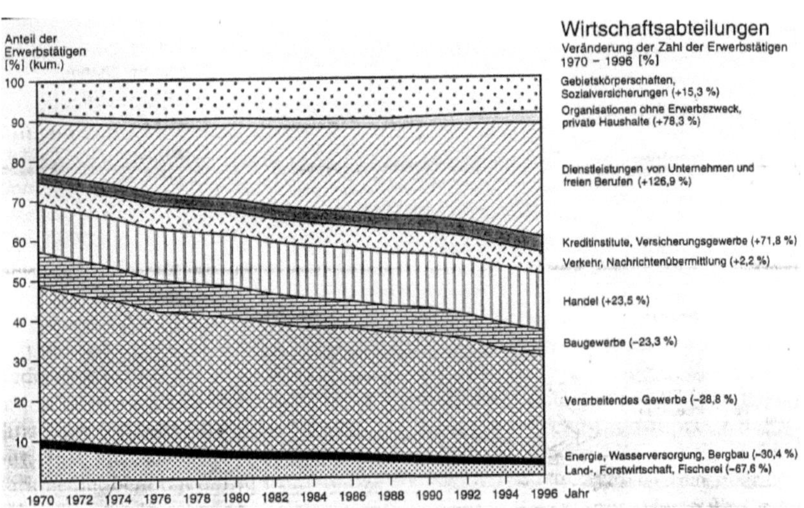

Abbildung 2: Veränderung des Anteils der Erwerbstätigen nach Wirtschaftsabteilungen in Deutschland (erwerbstätige Inländer, nur Westdeutschland)
Quelle: Kulke, 1998, 189

Das besonders dynamische Wachstum der höherwertigen unternehmensorientierten Dienstleitungen wird als besonders wichtiger Teilprozess des wirtschaftlichen

Strukturwandels gesehen. Dieser wirtschaftliche Strukturwandel ist durch folgende Entwicklungen bedingt: „Wandel von standardisierten zu flexiblen Produktionen, Wandel von großen zu kleinen und mittleren Betrieben, Veränderung von Organisationsstrukturen und Verringerung der Fertigungstiefe, Verkürzung der Produktionszyklen, Wandel von nationalen zu globalen Märkten, Einsatz neuer Informations- und Kommunikationstechnologien." (Motzkus, 2000, 266)

Es wurden drei Erklärungsansätze bzw. Thesen für den Zuwachs bei unternehmensorientierten Dienstleistungen entwickelt.

<u>Externalisierungsthese</u>

Externalisierung von Leistung bedeutet, dass Unternehmen, wie z.B. Industriebetriebe, bestimmte „Dienstleistungen an dafür spezialisierte Servicebetriebe vergeben." (Kulke, 2004c, 148) Das dynamische Wachstum von Dienstleistungen ist, neben der industriellen Nachfrage, auch auf die Nachfrage von Unternehmen des Dienstleistungssektors selbst zurückzuführen. Interaktionsprozesse zwischen Dienstleistungsunternehmen spielen somit eine wichtige Rolle. Laut S. Strambach sind es ca. zwei Drittel der Unternehmen, die Leistungen hinzukaufen. Im Durchschnitt sind dies 2 unterschiedliche Leistungen, von denen vor allem Steuer-, Rechts- und Finanzberatung, Buchhaltung und Datenverarbeitung bezogen werden. Diese Dienste werden meist seltener, aber kontinuierlich benötigt. Auch einfachere Dienstleistungen, wie z.B. Reinigungs-, Wartungs-, Reparatur- und Transportleistungen werden externalisiert. Es ist für die Betriebe kostengünstiger diese, bisher selber erbrachten Leistungen auszulagern, weil „spezialisierte Dienstleister aufgrund ihrer Kenntnisse und Ausstattungen in der Lage sind, bestimmte Aufgaben effizienter als Industriebestriebe zu erfüllen."(Kulke,1998,185) Außerdem fallen so auch „keine Fixkosten für eigene Dienstleistungsbereitstellung" (Blotevogel, 2001, 5) an. Aber nicht nur die geringeren Kosten sind von Bedeutung, auch die qualitativ hochwertige Arbeit der spezialisierten Betriebe spielt eine große Rolle.
„Insgesamt gesehen bewirken Externalisierungsprozesse aber eher nur eine Umschichtung zwischen Branchen als einen wirklichen Zuwachs des Dienstleistungsbereichs." (Kulke, 2004c, 148) Blotevogel betrachtet das Outsourcing

auf volkswirtschaftliche Weise: „ Verstärkte Auslagerung von Dienstleistungstätigkeiten steigert die gesellschaftliche Arbeitsteilung und damit die Effizienz der Ressourcenallokation. In einer dynamischen Perspektive entstehen damit Wachstumseffekte und internationale Wettbewerbsvorteile." (Blotevogel, 2001, 5)

Interaktionsthese

Die Entwicklungen, die den wirtschaftlichen Strukturwandel bewirken, erhöhen den Bedarf und die Nachfrage an unternehmensorientierten Dienstleistungen in erheblichem Maße. Ganz besonders im wissensintensiven höherwertigen Bereich. Maßgeblich bestimmend für die Expansion der höherwertigen unternehmensorientierten Dienstleistungen sind die Globalisierung[1] und interne technische Veränderungen[2]. „Durch Interaktion zwischen Dienstleistungsanbieter und –nachfrager entstehen Spill-over-Effekte[3] (im Sinne von effizienzsteigernden Innovationen) und positiven Rückkopplungseffekten." (Bay. Staatsministerium, 01.04.2005, S.14) Die Dienstleister „entwickeln neue, intelligentere Problemlösungen, die ihre individuelle Leistungsfähigkeit steigern; gleichzeitig tragen sie zur Modernisierung von Management, Produktion und Vertrieb und damit zur Konkurrenzfähigkeit von Industrieunternehmen bei." (Kulke,1998,186) In besonderem Maße sind neue informations- und kommunikationstechnologische Möglichkeiten, die organisatorische Veränderungen ermöglich, ein zentraler Faktor für die Entfaltung des Innovationspotenzials von Dienstleistungen.

Parallelitätsthese

Sie „nimmt an, dass sich Dienstleister im Verlauf des wirtschaftlichen Fortschritts durch diversifizierte Angebote neue Märkte erschließen" (Kulke, 2004c, 149) und somit eigene Geschäfte tätigen (z.B.: Finanzholdings, Investmentbanken). Somit erschließen sie sich mit einem neuen, zusätzlichen Angebot eigene Tätigkeitsfelder und neue Märkte. Auch hier „kommt es zu einer tatsächlichen Erweiterung des Umfangs wirtschaftlicher Aktivitäten im Dienstleistungsbereich". (Kulke, 2004c, 149)

[1] Globalisierung:

Internationale Beziehungen benötigen zum Ausbau und Verbesserung „spezialisierte Logistik- und Transportsysteme, weltweite Kommunikations- und Informationssysteme, sowie internationale Finanztransfermöglichkeiten"(Kulke, 1998, 188). Die „Internationalisierung der Märkte erhöht den Informations-, Planungs- und Organisationsbedarf der Unternehmen" (Blotevogel, 2001, 4), z.B. Beratung über Rechtsverhältnisse einzelner Länder. All dies wird zunehmend wichtiger und wird vermehrt nachgefragt. Dienstleister gelten somit als wichtige intermediäre Akteure. Sie erschließen sich aber auch selber neue Märkte in ihren Branchen im Ausland.

[2] internen technischen Veränderungen:

Um als Unternehmen stets konkurrenzfähig zu sein, müssen die Produkte immer dem neuesten Stand der Dinge, d.h. in technischer und marktorientierter Hinsicht, entsprechen und demzufolge angepasst werden. Hier ist in den letzten Jahren eine Tendenz zu verkürzten Produktlebenszyklen zu erkennen. Dies ist dadurch zu erklären, dass durch vermehrte Marktforschung „und verbesserter unternehmensorientierter Steuerung" (Bloevogel, 2001, 4) besser auf Kundenwünsche reagiert werden kann „Flexible Fertigungsverfahren zur Herstellung variantenreicher Produkte („economies of scope") und Konzentrationen auf Kernkompetenzen („lean production") bei gleichzeitiger Auslagerung von Aufgaben an spezialisierte Hersteller (Module) oder Dienstleister prägen die neuen Produktionsverfahren." (Kulke, 1998, 188) Durch den hohen technologischen Wissensstand ist auch eine Veränderung der Produktionsverfahren erkennbar. Weg von der Handarbeit, hin zu der Automatisierung, was allerdings hochqualifizierte Techniker und Ingenieure erfordert (Blotevogel, 2001).

Hierfür werden besonders Dienstleister aus den Gebieten Forschung und Entwicklung und Betriebs- bzw. Unternehmensberatung benötigt und dementsprechend nachgefragt

[3] spill-over: engl. spill = verschütten, überlaufen lassen; „informelle Weitergabe („Überspringen") von Wissen und Informationen durch räumliche Nähe von Verbindungen bzw. Institutionen" (Leibniz-Institut für Länderkunde, 2004, 50)

5.2 Entwicklung innerhalb der Unternehmensorientierte Dienstleistungen

Die einzelnen Branchen der wissensintensiven unternehmensorientierten Dienstleistungen zeigen in verschiedenen Zeitabschnitten äußerst verschiedene Wachstumsdynamiken auf. Die folgende Tabelle 3 zeigt als Beispiel die relative Beschäftigtenentwicklung zwischen den Jahren 1981 und 1991.

Branchen	1981-83 %	1983-85 %	1985-87 %	1987-89 %	1989-91 %	1981-91 %
Rechtsberatung	9,59	5,20	4,62	3,04	8,13	34,39
Wirtschaftsdienste	7,91	8,20	10,83	12,12	19,94	74,01
Technische Dienste	-0,55	1,66	10,72	12,93	23,78	56,47
Werbung	-0,17	11,83	13,83	16,72	19,92	77,88
sonstige DL für Unternehmen	-12,83	25,32	24,15	22,60	26,67	110,62
Unternehmens- orientierte DL insg.	0,48	8,61	12,83	13,92	21,55	70,50
DL insg.	-0,52	2,90	4,73	4,47	9,29	22,40
Gesamtbeschäftig ung	-3,46	1,14	3,28	2,73	7,22	11,07

Tabelle 3: Wachstumsraten der wissensintensiven unternehmensorientierten Dienstleistungsbranchen in den alten Bundesländern zwischen 1981 und 1991

Quelle: Strambach, 1995, 33

In der Tabelle fällt auf, dass die sonstigen Dienstleistungen, zu denen hier Datenverarbeitung, Markt- und Meinungsforschung und Organisationsberatung zählen, den größten Zuwachs verzeichnen, wohingegen technische Dienste und Rechtsberatung eher unterdurchschnittlich gewachsen sind. Bei der Rechtsberatung lässt sich dies jedoch dadurch erklären, dass Rechtsanwälte meist zu den freien Berufen gehören und somit in der Statistik nicht aufgeführt werden. Auch bleibt zu berücksichtigen, dass mithelfende Familienangehörige, Selbständige und freie Berufe nicht erfasst sind, diese aber im Dienstleistungssektor einen erheblichen Teil ausmachen.

Bei der Betrachtung der absoluten Zahlen in Abbildung 3 sieht dies anders aus.
Hier fällt auf, dass die technischen Dienste bei weitem dominieren. Sie haben zwar geringere Wachstumsraten, haben aber auf einem hohen Ausgangsniveau begonnen. Das zeigt, dass sie zwar auf Grund der wichtigen und hoch entwickelten Industrie und Technologie eine große Bedeutung in Deutschland haben, allerdings gegenüber den Branchen zwischen 1981 und 1991 relativ an Bedeutung verloren

haben, wohingegen besonders die sonstigen Dienstleistungen massiven Zuwachs verzeichnen können. Dies ist vor allem auf den besonders stark aufkommenden Bereich der Datenverarbeitung zu Beginn der 80er Jahre des letzten Jahrhunderts zurückzuführen.

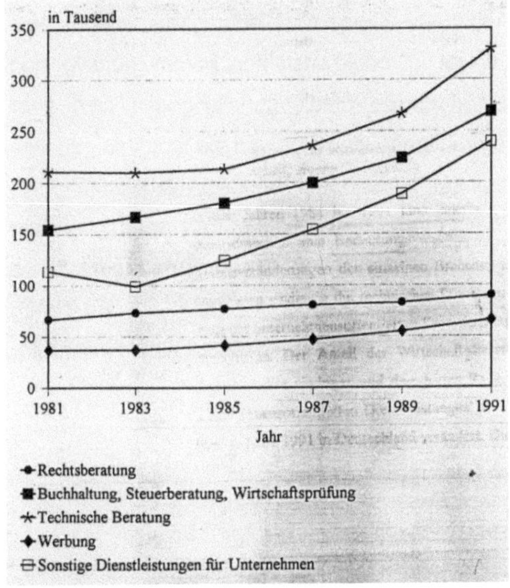

Abbildung 3: Entwicklung der sozialversicherungspflichtig Beschäftigten 1981-1991 in den Branchen der unternehmensorientierten Dienstleistungen (alte Bundesländer)

Quelle: Strambach, 1995, 34

Seit Beginn der 90er Jahre hat dieser Trend bis heute angehalten. Im Jahre 2000 galten die Wirtschaftsdienste als die unternehmensstärkste und beschäftigungsintensivste Branche, gefolgt von den technischen Diensten, die aber weiterhin einen relativen Bedeutungsverlust verzeichnen. Der Wachstumsträger hingegen ist, neben den Wirtschaftsdiensten, die Datenverarbeitung. Das Segment Forschung und Entwicklung ist z.Zt. noch eine kleine Branche, die sich allerdings durch ein äußerst dynamisches Wachstum auszeichnet (Leipniz-Institut für Länderkunde, 2004, 52). Es „entstehen (…) auch zwischen den Branchen und an Schnittstellen eine Vielzahl neuer Unternehmen mit Leistungsangeboten, die vor einigen Jahren noch nicht existierten, wie beispielsweise Internetprovider, Webdesigner, Beratungsunternehmen für Facility Management oder Wissensmanagement." (Leipniz-Institut für Länderkunde, 2004, 50)

5.3 Räumliche Verteilung und Entwicklung

Grundsätzlich steht fest, dass die Beschäftigtenzahlen, die den Dienstleistungssektor betreffen, mit zunehmender Siedlungsgröße, bzw. Einwohnerzahl anwachsen. Ebenfalls sind Qualität und Differenzierung von der Siedlungsgröße stark abhängig. Zunächst einmal haben verschiedene Siedlungsgrößen auch unterschiedliche typisch sektorale Prägungen (Abb. 4) Kleinere Siedlungen haben eine landwirtschaftliche Prägung, da hier der Produktionsfaktor Boden günstig und ausreichend zur Verfügung steht. Mittelgroße Siedlungen hingegen sind eher industriell geprägt. Hier finden das verarbeitende Gewerbe und die Industrie günstige Bedingungen vor (tragbare Standortkosten, Infrastruktur, benötigte Arbeitskräfte). In den kleineren Siedlungen siedeln sich auf Grund der Nähe zum Endverbraucher eher konsumorientierte distributive und soziale Dienste an. Steigt die Einwohnerzahl, so kommen auch mittel- und langfristige Anbieter hinzu. In Großstädten dominieren dann die Dienstleistungen. (Abb. 5) (Heineberg 2003, Kulke1998, Leipniz-Institut für Länderkunde, 2004).

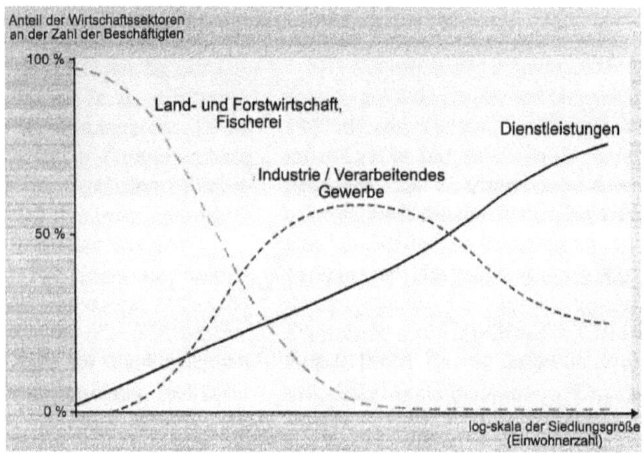

Abbildung 4: Wirtschaftliche Prägung von Siedlungsgrößen
Quelle: Heineberg, 2003, 185

Die Konzentration in Agglomerationsräumen hat für die Dienstleistungsanbieter diverse Vorteile. Zunächst ist in diesen Regionen die räumliche Nähe zu Leistungsabnehmern (z.B. Hauptverwaltungen von Industrieunternehmen), besonders wenn die Notwendigkeit für face to face Interaktionen vorliegt. Zusätzlich ist dort meist eine sehr hochrangige Infrastruktur, z.B. Flughäfen, Messezentren, etc. gegeben. Außerdem lassen sich in großen Städten (Universitätsstädten) wesentlich einfacher hochqualifizierte Arbeitskräfte finden. Ein letzter Punkt, der nicht außer Acht gelassen werden darf, ist die hohe Wohn- und Lebensqualität. Neben den harten Standortfaktoren spielen auch die soft factors, wie z.B. ein gutes Wirtschaftsklima, kreatives Ambiente, Restaurants, Theater, Museen und die gesamte Stadtkultur eine weitere wichtige Rolle.

Wesentliche Einflussgrößen für die Standortwahl bilden hierbei Flächenverfügbarkeit, Flächenpreis und Imagefaktoren (Blotevogel, 2001; Motzkus, 2000; Weißbach, 1998; Kulke, 1998).

In Deutschland waren vor dem zweiten Weltkrieg in Berlin alle wichtigen Wirtschaftsfunktionen ansässig. Dies änderte sich nach dem Krieg und es entstanden, auch auf Grund der verschiedenen Besatzungszonen, u.a. folgende Verdichtungsräume bzw. Oberzentren mit ganz unterschiedlichen Teilfunktionen. Bis heute gilt Frankfurt und das Rhein-Main-Gebiet, damals amerikanische Besatzungszone, als „Region mit der größten Konzentration von Finanzdiensten." (Bördlein, 1992, 52) Auch EDV, Marketing und Beratung sind hier verstärkt zu finden. Hamburg hingegen hat im Bereich des Warenhandels und der Medien eine große Bedeutung. Im Bereich technische Dienstleistungen, der Datenverarbeitung, Forschung und Entwicklung sind München und Stuttgart in vorderster Stelle zu nennen und Berlin erfüllt die Funktion als politische Hauptstadt und Kultur- und Kongressstadt. (Strambach, 24.03.2005; Motzkus, 2000; Kulke, 1998)

An Hand der Beschäftigtenzahlen in Deutschland (Abb. 5) ist deutlich erkennbar, dass die unternehmensorientierten Dienstleistungen in wachstumsstarken Ballungsräumen Westdeutschlands dominieren. In der damaligen DDR hatten im sozialistischen Wirtschaftssystem Landwirtschaft und Industrie die größte Bedeutung. Hier konnten sich die unternehmensorientierten Dienstleistungen dementsprechend nicht so entwickeln wie in Westdeutschland. Innerhalb der Agglomerationsräume sind die Dienstleistungen nicht gleichmäßig verteilt, sondern es lassen sich so genannte Cluster[4] erkennen. Besonders die unternehmensorientierten Dienstleistungen bilden funktionale Cluster. Als Beispiel hierfür werden Bürostädte, Bank- und Börsenviertel genannt.

Der Zuwachs dieses Sektors führt zu „Veränderungen in der innerstädtischen räumlichen Verteilung" (Kulke, 1998, 195) und einem gesteigertem Flächenbedarf. So zieht es z.B. distributive Dienstleistungsanbieter an die Stadtränder in „straßenverkehrsgünstige Gewerbegebiete (...) und Organisationsabteilungen in repräsentative zentrale Lagen." (Kulke,1998, 196)

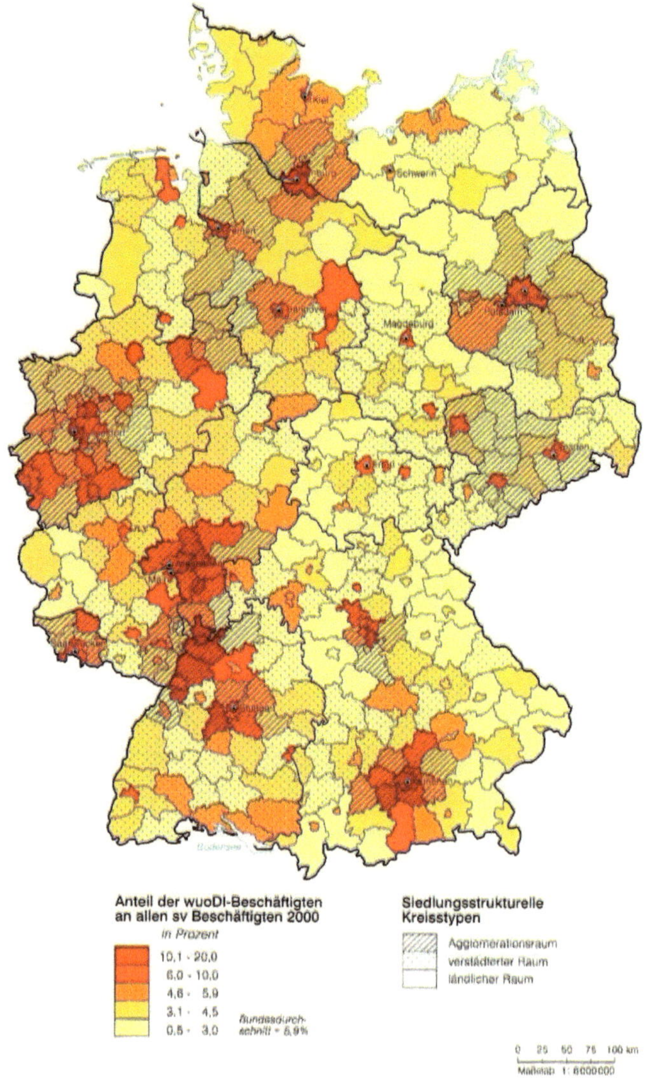

Abbildung 5: Beschäftigte in wissensintensiven unternehmensorientierten Dienstleistungen 2000
Quelle: Leibniz Institut für Länderkunde 2004, 52

Hochrangige unternehmensorientierten Dienstleistungen, die auf oben genannten Standortfaktoren angewiesen sind und mit hoher Flächenproduktivität (z.B. Berater und Planertätigkeiten), verbleiben in den Zentren und expandieren dort weiter, wohingegen Betriebe mit niedriger Kontaktintensität und einem größeren Flächenbedarf (z.B. Rechenzentren, Forschung und Entwicklung, interne und leitende Verwaltungen) sich an den Stadträndern verstärkt ausdehnen, da dort einfach mehr Fläche zu günstigeren Preisen zur Verfügung steht. Es lässt sich also eine Gewichtsverlagerung zugunsten der Metropolregionen erkennen (Abb. 6). Agglomerationsvorteile (Informationsdichte, Infrastruktur, etc.) sind hier dennoch im besonderen Maße gegeben und gleichzeitig müssen keine Urbanisierungsnachteile in Kauf genommen werden (Kulke, 1998; Motzkus, 2000; Blotevogel, 2001). Auch wenn sich inzwischen das Umland dynamischer entwickelt als die Zentren, machen die absoluten Beschäftigungszahlen der höherwertigen unternehmensorientierten Dienstleistungen den wesentlich größeren Teil in den Metropolen selbst aus. Wie in Abbildung 6 deutlich wird spielen Verlagerungsprozesse bei distributiven und einfachen Dienstleistungen eine wichtige Rolle, bei den meisten unternehmensorientierten Dienstleistungen entwickelt sich der Zuwachs in Metropolen und Metropolregionen dagegen komplementär.

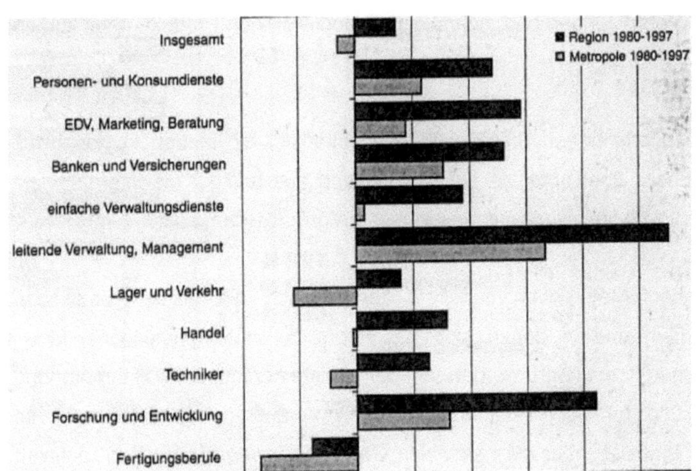

Abbildung 6: Räumlicher Strukturwandel in Metropolregionen 1980-1997
Quelle: Motzkus, 2000, S. 269

---

[4] Cluster: zur weiteren Erläuterung des Begriffs Clusters siehe ‚Raummuster', Leser, 2001, 68

Allgemein gesprochen hat sich „ die Beschäftigten in den Umlandregionen wachstumsstarker westdeutscher Städte überdurchschnittlich entwickelt, während umgekehrt das Umland unterdurchschnittlich wachsender bzw. schrumpfender Städte eine ungünstige Beschäftigtenentwicklung aufweist". (Motzkus, 2000, 270) Die parallele Entwicklung ist dadurch zu erklären, dass sich die spill-over-Effekte, das Absatzpotenzial und der Beschaffungsmarkt in Städten mit größerer Wachstumsdynamik ebenfalls erhöhen. Die Metropolen wirken mit ihrer räumlich – funktionale Arbeitsteilung und den regionalen Verflechtungen als Wachstumspole und damit auch im positiven Sinne auf ihr Umland. Das Wachstum und die besondere Entwicklungsdynamik in den Metropolregionen lässt sich auch „durch einen Bedeutungsgewinn verschiedener Interaktionsformen und Verflechtungsbeziehungen von Produktion und Dienstleistungen innerhalb dieser Region erklären". (Motzkus, 2000, 271)

6. Unternehmensorientierte Dienstleistungen – Bedeutsamkeit

Die wirtschaftlichen Funktionen und die enorme Wachstumsdynamik der unternehmensorientierten Dienstleistungen lassen die Bedeutung für die wirtschaftliche Gesamtentwicklung deutlich erkennen. Der Bedarf an diesem Dienstleistungssegment steigt auf Grund der fortschreitender Globalisierung, internationalen Vernetzungen und technologisch hochwertigen Produkten mit kurzen Lebenszyklen.

Die unternehmensorientierten Dienstleistungen gelten für die Metropolregionen als ökonomische Basis, üben Impulse auf das Umland aus und für die internationale Wettbewerbsfähigkeit stellen sie mit die wichtigste Vorraussetzung dar.

Die Europäischen Metropolregionen, zu denen auch die großen deutschen Metropolen zählen und in denen sich besonders die unternehmensorientierten Dienstleistungen konzentrieren, werden von der Ministerkonferenz für Raumordnung als „räumlich und funktionale Standorte, deren herausragende Funktionen im internationalen Maßstab über die nationalen Grenzen hinweg ausstrahlen" definiert und sieht sie als „Motoren der gesellschaftlichen, wirtschaftlichen, sozialen und kulturellen Entwicklung, die die Leistungs- und Konkurrenzfähigkeit Deutschlands und Europas erhalten und den europäischen Integrationsprozess beschleunigen soll". (Motzkus, 2000, 267)

Auch auf die Entwicklung im regionalen Bereich haben die unternehmensorientierten Dienstleistungen einen großen Einfluss. Auf Grund lokaler bis überregionaler Netzwerkbeziehungen zu Kooperationspartnern und Kunden vernetzen sie Regionen im kleinen und großen Umfeld. Dadurch entsteht eine Vernetzung komplementärer Kompetenzen und ein Informations- Wissens- und Know-how- Transfer. Und dies sind wiederum wichtige Standortvorrausetzungen im internationalen Wettbewerb und ein Garant für ein fortschreitendes dynamisches Wachstum.

Mit dem stark wachsenden Segment der unternehmensorientierten Dienstleistungen erhofft man sich auch einen „Beitrag zur Lösung der Arbeitsmarktprobleme." (Deilmann, 2001, 25) Seit Beginn der 90er Jahre des letzten Jahrhunderts gingen allein im Industriebereich mehr als 1,5 Millionen Arbeitsplätze verloren. Der Dienstleistungssektor, in dem sich, auch in rezessiven Phasen, Umsatz- und Beschäftigtenzahlen stets positiv entwickelt haben, gilt damit mehr denn je als „Motor des wirtschaftlichen Wachstums und der Beschäftigtensicherung in Deutschland." (Deilmann, 2001, 25) In vielen Regionen der BRD, vor allem auch in ehemaligen Industrieregionen wie beispielsweise das Ruhrgebiet, ist es daher ein „erklärtes Ziel der Politik die Region als Dienstleistungsstandort weiter zu entwickeln... einen beschleunigten Strukturwandel zugunsten der Dienstleistungen" (Deilmann, 2001, 25) zu unterstützen somit neue Arbeitsplätze zu schaffen.

Auf der Nachfragerseite ergeben sich bei der Nutzung unternehmensorientierter Dienstleistungen äußerst positive Effekte im Bereich der Innovations- und Anpassungsfähigkeit. Dies wirkt sich wiederum selbstverständlich auf die Beschäftigtenentwicklung aus (Strambach, 1993; Strambach, 1995; Deilmann, 2001; Motzkus, 2000; Kulke1998)

7. Schlussbemerkung

Die regionale bis internationale Bedeutung der unternehmensorientierten Dienstleistungen ist offensichtlich und unumstritten. Als Element der Globalisierung, des wirtschaftlichen Wachstums und des Strukturwandels wird diese Bedeutsamkeit in den nächsten Jahren weiter stark ansteigen.

Die Auswirkungen der starken Wachstumsdynamik spiegeln sich sichtbar in den Veränderungen der innerstädtischen Standortmuster wieder und tragen im Wesentlichen zu der Entstehung der global cities bei.

In diesem Wirtschaftsbereich sind die Wachstumspotentiale laut vielen Wissenschaftlern jedoch noch nicht ausgeschöpft. Hier gilt es besonders auch für die Regionalpolitik, speziell in Hinsicht auf den Arbeitsmarkt, geeignete Maßnahmen zu treffen, um den Dienstleistungssektor zu fördern und dem Strukturwandel vor allem in ehemaligen reinen Industrieregionen mit vielen Arbeitslosen auf die Sprünge zu helfen.

8. Literaturverzeichnis

Bayerisches Staatsministerium für Wirtschaft, Verkehr und Technologie:
Dienstleistungsstandort Bayern. Abrufbar unter:
http://www.stmwivt.bayern.de/pdf/wirtschaft/Dienstleistungsstandort.pdf am
01.04.2005

Blotevogel, V. (2001): Handels- und Dienstleistungsgeographie;
Unternehmsorientierte Dienstleistungen. Abrufbar unter: www.uni-
duisburg.de/FB6/geographie/Studium/Lehrveranstaltungen/WS2001/HaDiGeo am
24.03.2005.

Bördlein, R. (1992): Der Einfluss hochrangiger Dienstleistungen auf die Stadt- und
Regionalentwicklung im Rhein-Main-Gebiet. Frankfurt. In: Frankfurter Geographische
Gesellschaft e.V., Wolf, K. (1992): Geographische Stadtforschung, Perspektiven und
Aufgaben (= Frankfurter Geographische Hefte, B. 60), S. 47-72.

Deilmann, B. (2001): Dynamik und Bedeutung unternehmensorientierter
Dienstleistungen im Ruhrgebiet. In: Habrich, W.; Hoppe, W. (2001): Strukturwandel
im Ruhrgebiet – Perspektiven und Prozesse (= Duisburger Geographische Arbeiten,
B. 23), S. 25-36.

Gaebe, W. u.a. (2002): Glossar zur Wirtschaftgeographie. Abrufbar unter:
http://www.geographie.uni-
stuttgart.de/anthropo/wirtschaft/Glossar_Wirtschaftsgeographie_SS2002.pdf am
24.03.2005.

Heineberg, H. (2003): Einführung in die Anthropogeographie / Humangeographie.
Paderborn.

Industrie- und Handelskammer Rhein-Neckar (2004): Dienstleistungsatlas Baden-
Württemberg. Abrufbar unter: http://www.rhein-neckar.ihk24.de/ am 24.03.2005.

Kulke, E. (1998): Wirtschaftsgeographie Deutschlands. Gotha.

Kulke, E. (2004a): Ansätze wirtschaftsgeographischer Betrachtung von
Dienstleistungen. In: Petermanns Geographische Mitteilungen, B. 97, S. 95-102.

Kulke, E. (2004b): Was sind unternehmensorientierte Dienstleistungen? Abrufbar
unter: www.ibim.de/wigeo/4-1.htm am 24.03.2005.

Kulke, E. (2004c): Wirtschaftsgeographie. Paderborn.

Leipniz-Institut für Länderkunde, H.-D. Haas u.a. (2004): Nationalatlas
Bundesrepublik Deutschland, Unternehmen und Märkte. München.

Motzkus, A. (2000): Zur Bedeutung der höherwertigen unternehmensorientierten
Dienstleistungen für die Entwicklung der Metropolregionen Westdeutschlands. In:
Raumforschung und Raumordnung, B. 58, H. 4, S. 265-275.

Schickhoff, I. (1985): Dienstleistungen für Industrieunternehmen: Einflüsse von Unternehmens- und Standorteigenschaften auf die Reichweite ausgewählter industrieller Dienstleistungsverflechtungen. In: Erdkunde, B. 39, H. 2, S. 73-84.

Statistisches Bundesamt: Jährliche Unternehmenserhebung im Dienstleistungsbereich, Abrufbar unter: http://www.destatis.de/basis/d/bank/diensttxt.php am 24.03.2005.

Strambach, S. (1993): Die Bedeutung von Netzwerkbeziehungen für wissensintensive unternehmensorientierte Dienstleistungen, Ergebnisse aus dem Rhein-Neckar-Raum. In: Geographische Zeitschrift, B. 81, H. 1/2, S. 35-50.

Strambach, S. (1995): Wissensintensive unternehmensorientierte Dienstleistungen: Netzwerke und Interaktion; Am Beispiel des Rhein-Neckar-Raumes. Münster. In: Gaebe, W. (1995) (= Wirtschaftsgeographie, B. 6).

Strambach, S.: Wissensintensive unternehmensorientierte Dienstleistungen – Chancen und Herausforderungen für Existenzgründungen. Abrufbar unter: www.uni-kassel.de/tip/gruender/doc7stramb.pdf am 24.03.2005.

Voppel, G. (1999): Wirtschaftsgeographie, Räumliche Ordnung der Weltwirtschaft unter marktwirtschaftlichen Bedingungen, Stuttgart / Leipzig.

Weißbach, H.-J. (1998): Wissensbasierte unternehmensorientierte Dienstleitungsnetze – Chancen für Existenzgründungen aus der Hochschule heraus, Vortrag auf dem Gründertag der Universität GH Kassel 1998. Abrufbar unter: http://www.frankfurter-modell.de/html/wiss_existenzgrundungen.html am 24.03.2005.